BEI GRIN MACHT SICH IHR WISSEN BEZAHLT

- Wir veröffentlichen Ihre Hausarbeit, Bachelor- und Masterarbeit

- Ihr eigenes eBook und Buch - weltweit in allen wichtigen Shops

- Verdienen Sie an jedem Verkauf

Jetzt bei www.GRIN.com hochladen und kostenlos publizieren

Andreas Bohn

Energie sparen: Die LED-Tube im Vergleich zur Leuchtstoffröhre

GRIN Verlag

Bibliografische Information der Deutschen Nationalbibliothek:

Die Deutsche Bibliothek verzeichnet diese Publikation in der Deutschen Nationalbibliografie; detaillierte bibliografische Daten sind im Internet über http://dnb.d-nb.de/ abrufbar.

Dieses Werk sowie alle darin enthaltenen einzelnen Beiträge und Abbildungen sind urheberrechtlich geschützt. Jede Verwertung, die nicht ausdrücklich vom Urheberrechtsschutz zugelassen ist, bedarf der vorherigen Zustimmung des Verlages. Das gilt insbesondere für Vervielfältigungen, Bearbeitungen, Übersetzungen, Mikroverfilmungen, Auswertungen durch Datenbanken und für die Einspeicherung und Verarbeitung in elektronische Systeme. Alle Rechte, auch die des auszugsweisen Nachdrucks, der fotomechanischen Wiedergabe (einschließlich Mikrokopie) sowie der Auswertung durch Datenbanken oder ähnliche Einrichtungen, vorbehalten.

Impressum:

Copyright © 2011 GRIN Verlag GmbH
Druck und Bindung: Books on Demand GmbH, Norderstedt Germany
ISBN: 978-3-656-15379-5

Dieses Buch bei GRIN:

http://www.grin.com/de/e-book/190600/energie-sparen-die-led-tube-im-vergleich-zur-leuchtstoffroehre

GRIN - Your knowledge has value

Der GRIN Verlag publiziert seit 1998 wissenschaftliche Arbeiten von Studenten, Hochschullehrern und anderen Akademikern als eBook und gedrucktes Buch. Die Verlagswebsite www.grin.com ist die ideale Plattform zur Veröffentlichung von Hausarbeiten, Abschlussarbeiten, wissenschaftlichen Aufsätzen, Dissertationen und Fachbüchern.

Besuchen Sie uns im Internet:

http://www.grin.com/

http://www.facebook.com/grincom

http://www.twitter.com/grin_com

FACHHOCHSCHULE DES BFI WIEN
BACHELORSTUDIENGANG „TECHNISCHES VERTRIEBSMANAGEMENT"

SEMINAR E&E
6. Semester

GENERALTHEMA: Erfolgsfaktoren im Technischen Vertrieb

BACHELORARBEIT

LED-Tube im Vergleich zur Leuchtstoffröhre

Name des/der Studierenden: Bohn, Andreas

Wien, den 17. Mai 2011

Inhaltsverzeichnis

Abbildungsverzeichnis II
Tabellenverzeichnis III
Abkürzungsverzeichnis IV
1 Einleitung 1
   1.1 Themenstellung und Relevanz 2
   1.2 Formulierung der Forschungsfragen 2
   1.3 Themenabgrenzung 3
   1.4 Stand der Literatur 3
2 Die SMD-Tube 4
   2.1 Entwicklung über die LED zur SMD 5
   2.2 Aufbau der SMD-Tube 6
   2.3 Grundbegriffe und Einheiten der Licht- und Beleuchtungstechnik ... 9
3 Anforderungen an Lampen und Leuchtmittel T8 11
   3.1 Anforderungen an Leuchtmittel für T8-Fassungen 13
      3.1.1 Anforderungen des Kunden bzw. der Kundin 13
      3.1.2 Vorschriften und Bestimmungen zum Leuchtmittel T8 ... 14
   3.2 Anforderungen an Leuchten mit T8-Fassung 16
4 SMD-Tube vs. Leuchtstoffröhre 17
   4.1 Technische Vergleichsdaten 17
   4.2 Die Anforderungen an die Lichtqualität 19
   4.3 Vergleiche an Hand der Sicherheitskriterien 20
   4.4 Handhabung und Umweltverträglichkeit 21
5 Die Einsatzmöglichkeiten der SMD-Tube 22
   5.1 Einsatz in bestehenden Anlagen 23
   5.2 Neuinstallationen 24
6 Conclusio 25
   6.1 Ausblick in die Zukunft 26
Literaturverzeichnis 28

Abbildungsverzeichnis

Nr.	Bezeichnung	Seite
Abbildung 1:	SMD-Tube (http://www.reflexionlight.com)	4
Abbildung 2:	Aufbau einer LED (http://www.fremo-hemsbach.de/LED_GL_01.htm)	5
Abbildung 3:	bedrahtete LED (http://www.luminous.at/wissen.htm)	6
Abbildung 4:	SMD-LED (http://www.luminous.at/wissen.htm)	6
Abbildung 5:	Power Supply einer SMD-Tube des Herstellers Reflexion® (A. Bohn)	7
Abbildung 6:	Übersicht der Nenn- und Wartungswerte der Lichtstärke für gewerbliche Nutzung (http://www.licht.de)	12
Abbildung 7:	Vergleich Wärmentwicklung an Leuchtstoffröhre (unten) & SMD-Tube (oben) (A. Bohn)	19
Abbildung 8:	Beleuchtungspanel (http://www.reflexionlight.com)	26

Tabellenverzeichnis

Nr.	Bezeichnung	Seite
Tabelle 1:	Leistungsübersicht für SMD-Tubes des Herstellers Reflexion® (A. Bohn)	8
Tabelle 2:	Vergleich technischer Daten (A. Bohn)	17
Tabelle 3:	Rechenbeispiel Armortisationsdauer (A. Bohn)	18

Abkürzungsverzeichnis

AC	*engl. Alternating current*, Wechselstrom
C	Celsius
CE	*frz. Conformité Européenne*, europäische Übereinstimmung
cm	Zentimeter
g	Gramm
GWh	Gigawattstunde(n)
h	Stunde(n)
Hz	Hertz
K	Kelvin
LED	*engl. Light Emitting Diode*, Leuchtdiode
lm	Lumen
m	Meter
mm	Millimeter
OLED	*engl. Organic Light Emitting Diode*, organische Leuchtdiode
PVC	Polyvinylchlorid
RoHS	*engl. Restriction of (the use of certain) hazardous substances*; Beschränkung (der Verwendung bestimmter) gefährlicher Stoffe
SMD	*engl. Surface Mounted Device*, oberflächenmontiertes Halbleiterelement
V	Volt
VDE	Verband der Elektrotechnik Elektronik Informationstechnik e.V.
W	Watt

1 Einleitung

Spätestens seit der Einführung der Glühbirne zur elektrischen Beleuchtung gilt Thomas Alva Edison (*1847) als Revolutionär der zivilen Nutzung der Elektrizität. Diese fortschrittliche Errungenschaft brachte aber auch neue Anforderungen mit sich, so wurde ein leistungsstarkes, stabiles Stromnetz notwendig. Während anfänglich Kohle und Erdgas zur Erzeugung von elektrischem Strom dienten, kam im 20. Jahrhundert die Atomenergie dazu. Damit war ein Weg geschaffen, die gesamte Welt mit elektrischem Strom zu versorgen. Die sich daraus ergebenden Möglichkeiten führten zu einem enormen Nutzungsspektrum von elektrischem Strom, welches heute nicht mehr wegzudenken ist. Folglich steigt der Verbrauch elektrischer Energie stetig an.[1]

Die *International Energy Agency* (IEA) gibt für die gesamte Europäische Union im Jahr 2008 einen Verbrauch von 2.856.949 GWh[2] an. Auf Österreich entfallen davon 59.571 GWh.[3] Die jüngsten Ereignisse seit dem 11.03.2011 in Japan und die damit verbundenen Vorfälle in den Atomkraftwerken haben gezeigt, dass ein Umdenken in der Energiepolitik mehr denn je erforderlich ist. Dazu gehört in erster Linie eine Reduktion des aktuellen Verbrauchs. Mit dem Einzug der LED in die Beleuchtungstechnik ist es nun möglich in diesem Bereich Einsparungen zu generieren. Eine der vielseitigen Bauweisen stellt ein LED-Retrofitleuchtmittel, in der Leuchtstoffröhrenvergleichsgröße T8 da – die SMD-Tube.

---

[1] Vgl. Stromverbrauch: http://strom.idealo.de/news/2517-wieviel-strom-verbraucht-eigentlich-die-welt/

[2] GWh – Gigawattstunden (1 GWh = 1 Million kWh)

[3] Vgl. IEA: http://www.iea.org/stats/prodresult.asp?PRODUCT=Electricity/Heat

1.1 Themenstellung und Relevanz

Zu Zeiten des ökologischen und ökonomischen Umdenkens wird kontinuierlich nach effizienten und umsetzbaren Energiesparmaßnahmen gesucht. Der Bereich der Beleuchtungstechnik bietet hier ausbaufähige Potenziale, da noch heute ein ansehnlicher Anteil des Gesamtvolumens der aufgewendeten Energien in diesem Sektor verbraucht wird.

Diese Arbeit befasst sich mit der Möglichkeit herkömmliche Leuchtstoffröhren, welche aktuell etwa 70 % der Innenraumbeleuchtung abdecken[4], in der Größe T8 durch eine SMD-Tube zu ersetzten. Sie beschreibt die Vor- und Nachteile und analysiert die Sinnhaftigkeit eines Wechsels auf diese Technologie.

1.2 Formulierung der Forschungsfragen

In Zusammenhang mit dem Generalthema: Erfolgsfaktoren im Technischen Vertrieb, hat sich der Autor dazu entschieden, zwei Forschungsfragen zu Beantworten.

- Welche Vor- und Nachteile der SMD-Tube ergeben sich im unmittelbaren Vergleich mit Leuchtstoffröhren?
- Ist die SMD-Tube ein sinnvoller Ersatz für die herkömmliche Leuchtstoffröhre in der Größe T8?

---

[4] Vgl. Verwendung Leuchtstoffröhren: http://www.licht.de/de/licht-know-how/beleuchtungstechnik/lampen/lampentypen/leuchtstofflampen/

1.3 Themenabgrenzung

Diese Arbeit befasst sich nicht mit der allgemeinen Beleuchtungstechnik und soll auch nicht den Gesamtbereich der LED-/ SMD-Technologie darstellen. Auch die Beleuchtungstechnik in Privathaushalten wird hier nicht betrachtet. Andere Umfangsgrößen oder Arten von Leuchtstoffröhren werden ebenso nicht behandelt. Auch die eigentlichen Leuchten (Fassungsträger) werden nur insoweit mit behandelt wie sie für die SMD-Tube relevant sind.

1.4 Stand der Literatur

Da das Produkt sehr neu und auch noch nicht sehr weit verbreitet ist, gestaltet sich die Suche nach einschlägiger Fachliteratur recht schwer. Reine Literatur, die sich nur mit der SMD-Tube beschäftigt ist dem Autor zum gegenwärtigen Zeitpunkt nicht bekannt. Allgemeine Quellen sowohl zum Thema der Beleuchtungs- und Lichttechnik sowie zur SMD-Technologie konnten ausreichend gefunden werden. Weiteres wurde ein ausführliches Gespräch mit einem Fachmann auf diesem Gebiet, Herr Klaus Spahn von der VDE Prüf- und Zertifizierungsinstitut GmbH der bereits verschiedene SMD-Tube ausführlich begutachtet hat und einiges an Fachwissen beitragen konnte, durchgeführt.

2 Die SMD-Tube

Bei der SMD-Tube handelt es sich um ein elektronisches Leuchtmittel, das die herkömmliche Leuchtstoffröhre ersetzen kann. Das Wort Tube kommt aus dem Englischen und steht für Röhre. Äußerlich ist für den Laien bzw. die Laiin kaum ein Unterschied wahrzunehmen. So ist der Anschluss beider Leuchtmittel eine G13-Bipin-Fassung[5], beide haben eine längliche Röhrenform und sind in verschiedenen Lichtfarben erhältlich. Nur dem geschulten Auge fällt auf, dass bei einer SMD-Tube nicht mehr der gesamte Körper des Leuchtmittels Licht abgibt, sondern die Abstrahlung nur noch in einem Winkel von etwa 120 Grad erfolgt. Während Leuchtstoffröhren aus einem Glaskörper gefertigt werden, bestehen SMD-Tubes zu meist aus PVC. Sie sind in verschiedenen Ausführungen mit Milchglas-, Klarglas- oder geriffelten Abdeckungen erhältlich. So wie ihre Vorgänger die Leuchtstoffröhren sind sie in den gängigen Größen 60 cm, 90 cm, 120 cm und 150 cm erhältlich. Auch die regulär bekannten Lichtfarben von Warm über Normal bis hin zu Kalt Weiß sind verfügbar.

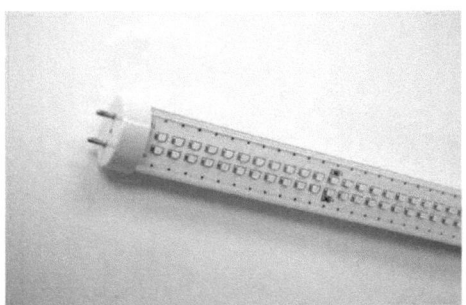

Abbildung 1: SMD-Tube

Eine SMD-Tube ist nicht das gleiche, wie eine LED-Röhre. Der entscheidende Unterschied liegt in der Bauweise der beiden Halbleiterelemente SMD und LED, welche die eigentliche Lichtquelle des Leuchtmittels darstellen. Mit der SMD-Tube ist also im Folgenden eine LED-Tube mit LED in SMD-Bauweise gemeint.

---

[5] Def. G13-Bipin-Fassung – Standard-Röhrensockel mit 2 Stiften im Abstand von 13 mm

2.1 Entwicklung über die LED zur SMD

Als Urvater der LED gilt der Engländer Henry Joseph Round, der im Jahr 1907 entdeckte, dass anorganische Stoffe die Fähigkeit besitzen zu leuchten. Im Jahr 1951 gelang es dann durch die Entwicklung des Transistors das Zustandekommen der Lichtemissionen zu erklären. Die ersten LED wie man sie auch heute noch kennt kamen im Jahr 1962 auf den Markt. Diese hatten anfänglich noch eine sehr geringe Lichtausbeute von gerade einmal 0,1 Lumen pro Watt. Bei den heutigen SMD-LED geht man von bis zu 100 Lumen pro Watt aus. Entscheidend für diese effiziente Entwicklung ist die ständig besser werdende Qualität der Halbleiterschichten. Der Einsatz der LED in der eigentlichen Beleuchtungstechnik ist erst seit den 1990er Jahren möglich. Denn hier gelang es erst blaue und in Folge dessen auch weiße LED zu entwickeln.[6]

Die nachfolgende Graphik verdeutlicht den Aufbau einer LED:

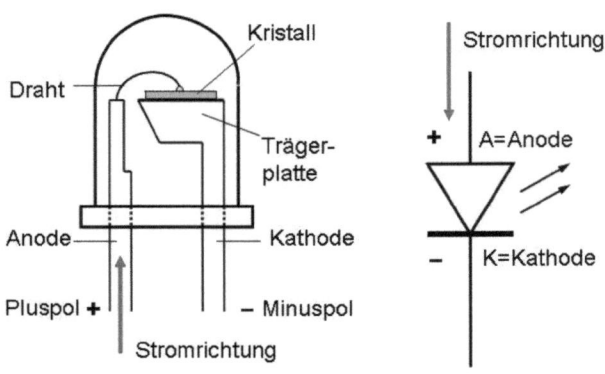

Abbildung 2: Aufbau einer LED

---

[6] Vgl. Geschichte der LED: http://www.handelsring.de/geschichte-der-led.php

Grundlegend unterscheidet man heute zwischen den SMD-LED und den herkömmlichen bedrahteten LED. SMD steht für Surface Mounted Device was übersetzt so viel bedeutet wie oberflächenmontiertes Halbleiterelement. Bei den bedrahteten LED befinden sich an der Unterseite zwei gegenüberliegende Stifte, die auch als Pins bezeichnet werden und zur Durchsteckmontage auf Platinen gedacht sind. Zusammengefasst liegt der entscheidende Unterschied also in den verschiedenen Bauformen zur unterschiedlichen Montage der Halbleiterelemente. Dies wird in den anschließenden Graphiken deutlich.

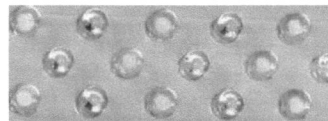

Abbildung 3: bedrahtete LED

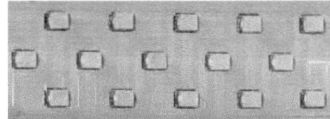

Abbildung 4: SMD-LED

2.2 Aufbau der SMD-Tube

Der grundlegende Aufbau ist bei fast allen Herstellern sehr ähnlich. In eine geschlossene Außenhülle aus Kunstoff wird der Bauteilträger eingeschoben auf diesem Träger sind auf der Oberfläche die einzelnen SMD verarbeitet und an der Unterseite das Power Supply. Power Supply kommt aus dem englischen und steht für Stromversorgung. Es handelt sich hier um ein einfaches Netzteil mit deren Hilfe aus dem eingehenden Wechselstrom Gleichstrom erzeugt wird.

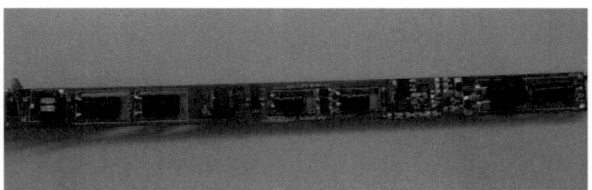

Abbildung 5: Power Supply einer SMD-Tube des Herstellers Reflexion®

Einige Hersteller verwenden auch eine zweigeteilte Außenhülle, bei der die Unterseite aus einem metallischen Werkstoff gefertigt wird und auf diese eine Kunststoffabdeckung gesetzt wird. Dies soll der Kühlung dienen, weist jedoch nach Meinung des Experten der VDE, Herrn Spahn, auf eine mindere Qualität hin, da hier offensichtlich die einzelnen elektronischen Bauteile zu Überhitzen drohen. Weiteres finden sich vereinzelt Hersteller die die SMD-Tube mit einem externen Power Supply anbieten. Dies wiederum soll der Schonung und dem Schutz der SMD-LED dienen. In diesem Zusammenhang finden sich bereits Hersteller, die eine Lebenserwartung von bis zu 100.000 Lichtstunden angeben (nur für die SMD, nicht aber für das Power Supply)[7]. Die Leistungsdaten der verschiedenen SMD-Tubes sind je nach Hersteller unterschiedlich. Die verschiedenen Power Supplies ermöglich den Produzenten die SMD in den Tubes unterschiedlich stark anzusteuern. So kommt es vor das bei vergleichbarer Leistung ein Hersteller weniger bzw. mehr SMD in einer Tube derselben Größe einsetzt als ein anderer. Wird eine SMD über die des Herstellers angegebene Leistung angesteuert kann dies zu einer deutlichen Verringerung ihrer Lebensdauer führen.

---

[7] Vgl: Lebensdauer SMD-Tube: http://www.arteko-led.com/online-katalog/kategorie/leuchtroehren.html

Die nachfolgende Tabelle soll eine kurze Übersicht über die vergleichbaren Werte der einzelnen Größen der SMD-Tube zu ihren jeweiligen Leuchtstoffröhren T8 bieten. Als Beispiel wurden die Werte des Herstellers Reflexion® herangezogen. Da bei fast allen Herstellern die Leistungsangaben in den einzelnen Größenklassen ähnlich sind.

Tabelle 1: Leistungsübersicht für SMD-Tubes des Herstellers Reflexion®

| | TECHNISCHE DATEN DER SMD-Tubes |

Größe		60 cm		120 cm		150 cm
Verbrauch		8 W		17 W		21 W
Entsprechender Wert zu fluoreszierender Röhre		T8 18 W		T8 36 W		T8 58 W
Anzahl d. SMD-Punkte		144		300		360
Lichtfarbe	5500-6000 K Tageslicht	2700-3500 K Warmweiß	5500-6000 K Tageslicht	2700-3500 K Warmweiß	5500-6000 K Tageslicht	2700-3500 K Warmweiß
Lichtstrom	1000 lm	700 lm	2000 lm	1400 lm	2200 lm	1600 lm
Lichtkraft (gemessen in 2 m Höhe)	60 lux	45 lux	140 lux	80 lux	160 lux	120 lux
Lichtabstrahlwinkel		120 Grad
Leuchtkraft	100 lm/W	70 lm/W	100 lm/W	70 lm/W	88 lm/W	64 lm/W
Spannung		180-251 V AC / 90-135V AC
Frequenz		50 Hz / 60 Hz
Gebrauchstemperatur		-40 °C bis +50 °C
Verbindung		T8 Bipin für Grundlage G13
Durchmesser		30 mm
Länge		585 mm		1195 mm		1495 mm
Gewicht		300 g		400 g		500 g
Material Gehäuse		PVC
Lebensdauer		50.000 h

2.3 Grundbegriffe und Einheiten der Licht- und Beleuchtungstechnik[8]

Um Licht richtig erklären und in weiterer Folge auch ordnungsgemäß berechnen zu können, bedarf es einiger Grundlagenkenntnisse aus dem Bereich der Elektrotechnik. Im Folgenden finden sich einige Grundbegriffe aus diesem Bereich.

Zunächst fällt im Zusammenhang mit Licht und einem Leuchtmittel immer wieder der Begriff Lumen. Dabei handelt es sich um die Einheit für den Lichtstrom der von einer Lichtquelle in seiner Gesamtheit abgegeben wird. Das bedeutet das gesamte Licht, das von einem Leuchtkörper abgegeben wird. Um verschiedene Leuchtmittel miteinander zu vergleichen, erfolgt ein Vergleich der Lichtausbeute, welche in Lumen pro Watt (lm/W) angegeben wird.

Ein weiterer wichtiger Wert ist die Beleuchtungsstärke. Diese gibt an wie viel Licht auf eine bestimmte Fläche fällt und wird in der Einheit Lux (lx) angegeben. Mit dem Quadrat zu der Entfernung der zu beleuchtenden Fläche, nimmt diese ab. Daher berechnet sich die Beleuchtungsstärke aus dem Quotienten von Lichtstrom und zu beleuchtender Fläche (lm/m^2). Dieser Wert wird oft in Zusammenhang mit bestimmten Vorschriften und Normen verwendet, um Vorgaben setzen und in weiterer Folge auch kontrollieren zu können.

Beim Arbeiten mit Lichtberechnungsprogrammen erscheint auch immer wieder die Leuchtdichte. Dieser Wert wird vom Menschen als Helligkeit wahrgenommen. Die Leuchtdichte erscheint umso heller, je kleiner die Fläche im Vergleich zur Lichtstärke ist. Da verschiedene Oberflächen-Materialien und Farben unterschiedliche Reflexionsgrade haben, gilt es hier zu beachten, dass bei derselben Beleuchtungsstärke ein heller Raum mit einem dementsprechend hohem Reflexionsgrad eine deutlich höhere Leuchtdichte aufweist als ein dunkler Raum.

---

[8] Vgl. Grundbegriffe und Einheiten Beleuchtungstechnik:
http://www.luxlite.lu/site/de_pres_tech_1.php

Ein weiterer, vor allem für das subjektive Empfinden wichtiger Wert ist die Farbtemperatur. Diese wird in Kelvin (K) angegeben, wobei mit steigendem Zahlenwert die Farbtemperatur sinkt.

Die folgende Übersicht verdeutlicht dies anhand von einigen Beispielen[9]:

- Kerze - ca. 1500 K
- Glühlampe 60 W - ca. 2680 K
- Vormittagssonne - ca. 5500 K.

---

[9] Vgl. Farbtemperatur: http://www.akkuline.de/Blog/post/Leuchtmittel-Ubersicht-der-Farbtemperatur-in-Kelvin.aspx

3 Anforderungen an Lampen und Leuchtmittel T8

Um die verschiedenen Anforderungen richtig erfassen zu können, muss zunächst unterschieden werden wer stellt diese Anforderungen und an was. So unterscheiden sich die Anforderungen an Leuchtmittel und der eigentlichen Leuchte von einander. Auch der eigentliche Nutzer hat andere Kriterien als zum Beispiel Verbände die sicherheitsrelevante Vorgaben erarbeiten.

Als Grundlage aller Planungsvorgänge im Bereich der Licht- und Beleuchtungstechnik gelten die DIN[10]-Normen.

Seit Beginn des Jahrtausends finden Sich diese in der europäische Version kurz: DIN EN[11] wieder. Als die wichtigsten gelten hier die DIN EN 12464 Beleuchtung von Arbeitsstätten, DIN EN 13201 Straßenbeleuchtung und die DIN EN 12193 Sportstättenbeleuchtung. Neben ihnen gelten in den einzelnen Ländern noch verschiedene Zusatzverordnungen. In Österreich ist dies zum Beispiel die Arbeitsstättenverordnung des Bundesministeriums für Arbeit Gesundheit und Soziales kurz ASTV. In Deutschland finden sich zusätzliche Kriterien in der Arbeitsstätten-Richtlinie ASR 7/3.[12]

Die nachfolgende Graphik gibt einen kurzen Einblick in die derzeit gültigen Nenn- und Wartungswerte der Lichtstärke für gewerbliche Nutzung.

---

[10] Def. DIN: Deutsche Industrienorm
[11] Def. EN: Europäische Norm
[12] Vgl. Zieseniß, Lindemuth, Schmits (2009) S.94-95

Raum/Tätigkeit	Nennwert [lx] (DIN 5035-2)	Wartungswert [lx] (DIN EN 12464-1)	Planungsvorgehen
Büros			
1a Großraumbüro, Wände und Decke hell	750	500	Zylindrische Beleuchtungs-
1b Großraumbüro, Wände und Decke dunkel	1.000	500	stärke nach BGI 856
Metallbearbeitung			
2 Gießhallen, Gießputzerei in Gießereien	300	200	300 lx Wartungswert
3 Lackiererei-Spritzkabine im Automobilbau	1.000	750	
Elektrotechnische Industrie			
4 Montage feiner Geräte von Rundfunk- und Fernsehapparaten	1.000	750	
5 Montage feinster Teile	1.500	1.000	
Papierherstellung Druckindustrie			
6 Handdruck, Papiersortierung	750	500	
Lederindustrie			
7 Lederfärben, maschinell	750	500	
8 Qualitätskontrolle, sehr hohe Ansprüche	1.500	1.000	
Textilverarbeitung			
9 Putzmacherei	750	500	
Nahrungs- und Genussmittelindustrie			
10 Laborräume	1.000	500	
Kunststoffverarbeitung			
11 Spritzgießen	500	300	
Dienstleistungsbetriebe			
12 Selbstbedienungsgaststätten	300	200	300 lx Wartungswert
13 Flecken-Kontrolle und Entfernung in Wäschereien	1.000	750	

Abbildung 6: Übersicht der Nenn- und Wartungswerte der Lichtstärke für gewerbliche Nutzung

3.1 Anforderungen an Leuchtmittel für T8-Fassungen

Wie bereits erwähnt unterscheiden sich die Anforderungen des Kunden bzw. der Kundin in Person von den verschiedenen Vorschriften die es einzuhalten gilt. Da je nach Anwendungsbereich in manchen Fällen auch sehr bestimmte Vorschriften zu beachten sind werden hier nur einige grundlegende aufgeführt.

3.1.1 Anforderungen des Kunden bzw. der Kundin

Energieeffizienz ist heute eines der top Themen in fast allen Unternehmen. Es wird mehr denn je auf ständig steigende Energiekosten geachtet. Daher erwarten KundInnen im Allgemeinen auch eine effiziente Beleuchtung. Dies bedeutet zum Einen gesucht wird ein Leuchtmittel, dass möglichst viel Licht bei einem geringen Stromverbrauch und eine hohe Lebensdauer bietet und zum Anderen sollte der Anschaffungspreis möglichst gering sein.[13]

In diesem Zusammenhang steht auch die Wärmeentwicklung des Leuchtmittels. Denn möglichst viel der eingesetzten elektrischen Energie sollte in Licht und nicht in Wärme umgesetzt werden. Hier spricht man auch vom Wirkungsgrad[14].[15]

Weiteres erwarten KundInnen ein möglichst homogenes Licht. Das bedeutet sie fordern eine gleichmäßige Ausleuchtung ohne dabei geblendet zu werden. Auch der Umweltschutz ist ein wichtiges Kriterium. Hierunter fällt in erster Linie die Entsorgung der Leuchtmittel.

In gewissen Bereichen, wie zum Beispiel der Lebensmittelproduktion oder auch überall dort wo Personen mit dem Leuchtmittel in Berührung kommen können, ist die Bruchsicherheit von Bedeutung.

Je nach dem für welchen Bereich das Leuchtmittel benötigt wird und wie das Empfinden des Kunden bzw. der Kundin ist kann auch die eigentliche Lichtfarbe eine Rolle spielen.

---

[13] Vgl. Müller, Engelmann, Löffler, Strauch (2009) S. 2

[14] Def. Wirkungsgrad: Physikalischer Begriff, der das Verhältnis zwischen abgegebener und zugeführter Leistung bezeichnet

[15] Vgl. Wärmeentwicklung: http://www.sign-lang.uni-hamburg.de/tlex/lemmata/l7/l751.htm

3.1.2 Vorschriften und Bestimmungen zum Leuchtmittel T8

Fast alle technischen Produkte die in Europa vertrieben werden müssen die CE-Kennzeichnung tragen. Durch diese Kennzeichnung garantiert der Hersteller, dass sein Produkt den geltenden europäischen Bestimmungen und Gesetzmäßigkeiten für sein jeweiliges Produkt entspricht.[16] Über allen Dingen steht immer die Sicherheit des Anwenders bzw. der Anwenderin. Im Bereich der Elektrotechnik steht hier an erster Stelle der Berührungsschutz. Wie vorab bereits erwähnt, existieren verschiedene Bauweisen bei denen darauf zu achten ist, dass sie entweder aus einem nicht leitfähigen Gehäuse bestehen oder über entsprechende Vorkehrungen wie dem Schutzleiter, der Schutzisolierung oder zusätzlichen Abdeckungen verfügen. Weitere sicherheitsrelevante Kriterien und Kennzeichnungen sind zum Beispiel:

- Die Prüfung auf Einhaltung der RoHS-Richtlinie, hierbei handelt es sich um eine Richtlinie für die Beschränkung der Verwendung gewisser gefährlicher Stoffe in Elektro- und Elektronikgeräten. Diese hat das klare Ziel, die große Menge an gefährlichen Stoffen in Elektrogeräten und Elektronikbauteilen deutlich zu reduzieren und ihre Verwendung auf Dauer einzuschränken.[17]

- Die Ausweisung der jeweiligen Schutzklasse - bei frei zugänglichen Teilen muss der Berührungsschutz gewährleistet werden. Daher sollte eine SMD-Tube immer mindestens mit der Schutzklasse II (Schutzisolierung) gekennzeichnet sein.[18]

---

[16] Vgl. CE-Richtlinien: http://www.ce-richtlinien.eu/
[17] Vgl. RoHS-Richtlinie: http://www.ecodesign.at/pilot/eeg/DEUTSCH/ROHS/INDEX.HTM
[18] Vgl. Schutzklassen: http://www.elektro-lexikon.de/s/Schutzklasse-2.html

- Auch eine Kennzeichnung zur Montage auf dem jeweiligen Untergrund ist von großem Vorteil für die AnwenderInnen. So zeigt zum Beispiel ein F in einem nach unten gerichteten gleichschenkligen Dreieck, dass die jeweilige Leuchte zur Montage auf brennbarem Untergrund verwendet werden kann, wenn die Entzündungstemperatur im regulären Betrieb 130 °C und im anzunehmenden Fehlerfall 180 °C auf keinen Fall für weniger als 15 Minuten überschritten wird.[19]

Für Leuchtstoffröhren gelten auch noch Vorschriften bezüglich der Menge des Quecksilbergehaltes. Dieser darf z.b. bei stabförmigen Standardleuchtstofflampen einen Wert von 15 mg nicht überschreiten.[20]

In bestimmten Anwendungsbereichen gelten auch Vorschriften bezüglich der Flackerfreiheit von Leuchtmitteln. So darf zum Beispiel bei der Haltung von Landwirtschaftlichen Nutzieren nur eine flackerfreie Beleuchtung eingesetzt werden.[21]

Auch bei der Beleuchtung bestimmter Arbeitsbereiche wie z.b. an Drehmaschinen muss darauf geachtet werden. Man spricht hier auch vom stroboskopischen Effekt was so viel bedeutet wie Bewegungstäuschung. Dieser Effekt kann dazu führen das sich bewegende Teile wirken als wären sie im Ruhezustand.[22]

Je nach Leuchtmittelart, Anwendungsbereich, Ort oder Land gibt es auch noch spezifische weitere Kriterien zu beachten. Die jeweiligen Elektro- bzw. Beleuchtungsfachleute und natürlich auch gute KundInnenbetreuerInnen sollten hier stets in der Lage sein ihren KundInnen mit fachlichem Rat zur Seite zu stehen.

---

[19] Vgl. Schutzkennzeichnung: http://www.code-knacker.de/elektro.htm
[20] Vgl. Quecksilbergehalt: http://komnet.nrw.de/ccnxtg/frame/ccnxtg/danz?-zid=public&did=5572&lid=DE&bid=ARB&
[21] Vgl. Landwirtschaftliche Beleuchtung: http://www.buzer.de/gesetz/7344/b25140.htm
[22] Vgl. Stroboskopischer Effekt: http://www.techniklexikon.net/d/stroboskopischer-effekt/stroboskopischer-effekt.htm

3.2 Anforderungen an Leuchten mit T8-Fassung

Die Anforderungen an die Leuchten selber, im Fall der T8-Fassung auch gelegentlich als Leuchtstoffröhrenträger bezeichnet unterscheiden sich in den jeweiligen Anwendungsbereichen. Werden die Leuchten zur flächendeckenden Beleuchtung in einer Lager- oder Produktionshalle eingesetzt, schenkt man ihrem Design eher weniger Beachtung. Hier stehen die Funktionalität und die jeweils gewünschte Montageart im Vordergrund. In Büros, Besprechungs- oder Präsentationsräumen kann das Design durchaus wichtig sein. Auch der Aufbau und die Arbeitsweise mit Reflektoren können sich hier als relevant erweisen.

Ein weiterer wichtiger Punkt ist die Anwendung im Innen- oder Außenbereich. Hier gelten z.b. Vorschriften bezüglich der IP-Schutzklassen, die Auskunft darüber geben, in welchem Umfang die Leuchte Umwelteinflüssen ausgesetzt werden darf ohne dabei eine Beschädigung zu erhalten. Diese verfügen grundsätzlich über zwei Kennziffern. Die erste gibt Auskunft über den jeweiligen Berührungsschutz und die zweite über den Wasserschutz. Eine häufig vorkommende Bezeichnung ist zum Beispiel die Kennzeichnung IP65 was bedeutet, dass die Leuchte zum ersten einen vollständiger Berührungsschutz bietet und gegen das Eindringen von Staub geschützt ist und zum Zweiten, dass die Leuchte geschützt ist gegen Strahlwasser aus sämtlichen Richtungen.[23]

---

[23] Vgl. IP-Schutzklassen: http://www.medisol.org/produkte/wissen-technik/ip-schutzklassen.html

4 SMD-Tube vs. Leuchtstoffröhre

Aus dem vorangegangenem Kapitel lassen sich nun einige grundlegende Anforderungen generieren anhand derer sich die beiden Leuchtmittel miteinander vergleichen lassen.

4.1 Technische Vergleichsdaten

Die folgende Tabelle stellt eine T8-Leuchtstoffröhre des Herstellers Osram® einer SMD-Tube des Herstellers Reflexion® gegenüber und vergleicht die technischen Daten miteinander.

Tabelle 2: Vergleich technischer Daten

	T8 Leuchtstoffröhre 150 cm ohne Vorschaltgerät[24]	T8 SMD-Tube 150 cm[25]
Leistung in Watt	58 W	21 W
Lebensdauer in Stunden	20.000 h	50.000 h
Preis in Euro ohne Mwst.	6,40 €	52,98 €
Lichtstrom in Lumen	5.200 lm	2.200 lm
Wirkungsgrad[26]	ca. 70 %	ca. 90 %

Der Tabelle ist zu entnehmen, dass die SMD-Tube ungefähr ein Drittel der Energie der Leuchtstoffröhre verbraucht und eine mehr als doppelt so große Lebenserwartung bietet. Dem gegenüber steht der Preis der SMD-Tube der ein Vielfaches des Preises der Leuchtstoffröhre ausmacht. Eine einfache Kosten–Nutzenanalyse zeigt jedoch, dass sich die Mehrausgaben binnen kürzester Zeit amortisieren.

---

[24] Anm. Leuchtmittel des Hersteller Osram® alle Daten entnommen:
http://www.lampenwelt.de/Leuchtmittel/Leuchtstofflampen/T8-G13-Leuchtstoffroehren/G13-T8-farbige-Leuchtstofflampe-von-OSRAM.html

[25] Anm. Leuchtmittel des Herstellers Reflexion® Daten von der Vereg GesmbH

[26] Vgl. Wirkungsgrad: http://www.luxled.ch/tech_led.htm

Tabelle 3: Rechenbeispiel Amortisationsdauer

Jährliche Beleuchtungsdauer in Stunden[27]	Jährlich eingesparte KWh[28]	Angenommener Strompreis des Kunden bzw. der Kundin[29]	Jährliche Gesamteinsparung pro SMD-Tube in Euro[30]
3836,5 h	141,96 KWh	0,15 €	21,29 €

Damit liegt die Amortisationsdauer bei etwas über 2 Jahren, die angesichts der hohen Lebensdauer als gering betrachtet werden kann. Weiter gilt es zu bedenken, dass bei der herkömmlichen Leuchtstoffröhre noch ein Vorschaltgerät dazu kommt, dass den Verbrauch in jedem Fall noch deutlich erhöht. Versuche der Vereg GesmbH in Zusammenarbeit mit einer Produktionsfirma für elektrische Bauteile haben ergeben, dass dies bei älteren Vorschaltgeräten bis zu 20 W pro Vorschaltgerät sein können. In diesem konkreten Fall verbrauchte dann eine einzelne 150 cm Leuchtstoffröhre 78,08 W. Dementsprechend würde sich die Amortisationszeit auf etwa 20 Monate verkürzen.

Beim Lichtstrom überwiegt auf den ersten Blick die Leuchtstoffröhre. Diese Angaben sollten allerdings genauer betrachtet werden. Eine Leuchtstoffröhre gibt ihr Licht auf 360° ab, die SMD-Tube hingegen gibt ihr gesamtes Licht in einen Winkel von ca. 120° ab also auf nur einem Drittel der Fläche. Selbst mit dem Einsatz unterschiedlichster Reflektoren kann nur ein Teil des Lichtes das von der Leuchtstoffröhre in die unerwünschte Richtung abgegeben wird, wieder zur Bedarfsfläche gebracht werden. In bestimmten Fällen wie beispielsweise bei Innenbeleuchteten Zwischenwänden oder Raumteilern bei denen das Licht in beide Richtungen abgegeben werden soll ist die Rundumausleuchtung von Vorteil und somit eine SMD-Tube eher nicht zu empfehlen da ansonsten mehrere Leuchtmittel und somit auch Lampen eingesetzt werden müssten.

---

[27] Angaben eines Kunden der Vereg GesmbH aus dem Einzelhandel
[28] Ergeben sich aus 37 W x der Beleuchtungsdauer 3836,5 h
[29] Angaben eines Kunden der Vereg GesmbH aus dem Einzelhandel pro KWh
[30] Ergibt sich aus den jährlich eingesparten KWh x dem KWh-Preis

Ein weiterer häufig diskutierter Punkt sind die Schaltzyklen, während die SMD-Tube unendlich oft ein- und ausgeschaltet werden kann, sind Leuchtstoffröhren auf etwa 3000-6000 Schaltzyklen begrenzt.[31]

Beim Wirkungsgrad zeigt sich das die SMD-Tube effektiver arbeitet als die Leuchtstoffröhre. Eigene Versuche und Aufnahmen mit der Wärmebildkamera belegen ebenfalls, dass von der SMD-Tube weniger Wärme abgegeben wird als von einer herkömmlichen Leuchtstoffröhre.

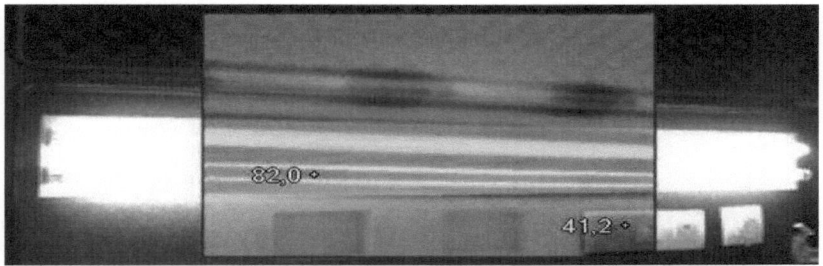

Abbildung 7: Vergleich Wärmentwicklung an Leuchtstoffröhre (unten) & SMD-Tube (oben)

4.2 Die Anforderungen an die Lichtqualität

Qualitative Anforderungen stellen in erster Linie die KundInnen. Hier geht es um Blendwerte, eine homogene Ausleuchtung und auch um die Farbe des Lichtes.

Die jeweilige Blendung wird bei der SMD-Tube durch den Einsatz der verschiedenen Aufbauarten, Milchglas-, Klarglas- oder geriffelt geregelt. Bei der Leuchtstoffröhre gelingt dieses durch den Einsatz der unterschiedlichen Reflektoren. Für beide gilt auch, dass bei einer Leuchte mit einer zusätzlichen Schutzabdeckung auch diese Einfluss auf die Blendung hat. Beide Leuchtmittel werden je nach Hersteller in den unterschiedlichsten Lichtfarben angeboten. Bei fast allen finden sich jedoch die drei Gängigsten: Warm-, Neutral- und Kaltweiß.

---

[31] Vgl. Schaltzyklen: http://ec.europa.eu/energy/lumen/doc/consumers-de.pdf

4.3 Vergleiche an Hand der Sicherheitskriterien

Aus dem Kapitel 3.1.2 gehen auch verschiedenste Anforderungen bezüglich der Sicherheit hervor. Da die beiden zu vergleichenden Leuchtmittel sowohl in ihrer Funktionsweise als auch in ihrem Aufbau sehr unterschiedlich sind, gelten für sie größtenteils verschiedene Sicherheitskriterien. Grundsätzlich gilt für beide, dass sie den jeweils für sie zutreffenden gesetzlichen Bestimmungen entsprechen müssen und somit auch über eine CE Kennzeichnung verfügen sollten.

Um aber auch in diesem Bereich Vergleiche erzielen zu können wurden hier einige, für beide Leuchtmittel zutreffende Kriterien ausgewählt.

Bei der Bruchsicherheit und der Splitterbildung bietet die SMD-Tube auf Grund ihrer Bauweise aus Kunststoff eine höhere Sicherheit als die aus Glas gefertigte Leuchtstoffröhre. Bei dieser müssen hierfür zusätzliche Schutzvorkehrungen wie z.B. eine Gitterabdeckung genutzt werden um die entsprechenden Verordnungen zu erfüllen.

Die für gewisse Anwendungen nötige Flackerfreiheit kann bei Leuchtstoffröhren nur bedingt erreicht werden. Durch den Einsatz elektronischer Vorschaltgeräte gelingt es zwar das Flackern augenscheinlich zu beseitigen, jedoch ist es auch hier noch nicht vollständig abgestellt. Die SMD-Tube gilt als flackerfrei.

Im Bereich des Berührungsschutzes gilt die Leuchtstoffröhre als ein sicheres Leuchtmittel. Bei der SMD-Tube findet sich hier auf Grund ihrer Bauweise ein technisches Defizit. Da die SMD-Tube ein Durchgangsverbraucher ist, dass bedeutet sie leitet den elektrischen Strom weiter, verbirgt sich hier eine Gefahrenquelle. Wenn jemand die SMD-Tube nur auf einer Seite der Fassung einsteckt, dieses die stromführende Seite ist, dann die Tube verdreht, auf der anderen Seite der Tube die Kontakte berührt und der Strom eingeschaltet sein sollte, bekommt er hier einen elektrischen Schlag, welcher zu Verletzungen führen kann.

4.4 Handhabung und Umweltverträglichkeit

Bei der Handhabung sind beide Produkte auf Grund ihrer identischen Bauform fast gleich. Lediglich die Gewichtsunterschiede stellen hier ein Kriterium da, da die SMD-Tube leichter ist als die Leuchtstoffröhre. Bei der Umweltverträglichkeit fällt vor allem die Entsorgung der Leuchtstoffröhre ins Gewicht. Da diese unter anderem Quecksilber enthält, muss sie als Sondermüll entsorgt werden. Die SMD-Tube kann als normaler Elektroschrott beseitigt werden.

5 Die Einsatzmöglichkeiten der SMD-Tube

Grundsätzlich lässt sich die SMD-Tube überall dort einsetzen wo auch herkömmliche Leuchtstoffröhren zu finden sind. Zu unterscheiden ist dann lediglich: handelt es sich um einen reinen Leuchtmitteltausch, also soll eine bestehende Leuchtstoffröhre gegen eine SMD-Tube getauscht und der bisherige Halter beibehalten werden oder wird die gesamte Leuchte, dass bedeutet Leuchtmittel plus Halterung ersetzt. Ausnahmen bilden spezielle Anwendungsbereiche wie beispielsweise der Einsatz am Terrarium oder Aquarium. Da man sich in diesen Bereichen gerne die höhere Wärmeentwicklung und die UV-Strahlung der Leuchtstoffröhren zu Nutze macht. Auch wenn die Eigenschaft der Rundumausleuchtung benötigt wird ist eine Leuchtstoffröhre von Vorteil.

Da KundInnen nach der beruflichen Erfahrung des Autors in vielen Fällen keine Beleuchtungsfachleute sind, haben sie oft ganz grundlegende Anforderungen an ihre Beleuchtung. Die am häufigsten durch sie kommunizierten Kriterien sind beispielsweise: eine angenehme Lichtfarbe, kein Blenden, ein geringer Stromverbrauch sowie niedrige Anschaffungskosten. Häufig sind KundInnen durchaus an der Meinung des Verkäufers bzw. der Verkäuferin interessiert. So nehmen sie fast in jedem Fall fachlichen Rat bei der Auswahl der Lichtfarbe an.

5.1 Einsatz in bestehenden Anlagen

Wenn KundInnen mit ihrer bisherigen Beleuchtung durch Leuchtstoffröhren zufrieden waren, besteht die Möglichkeit die bisherigen Anordnungen und Größen beizubehalten. Werden hier gröbere Änderungen vorgenommen, handelt es sich eher um eine Neuinstallation auf die im folgenden Unterkapitel näher eingegangen wird.

Beim reinen Leuchtmitteltausch müssen zunächst die Gegebenheiten betrachtet werden. Handelt es sich um Leuchtstoffröhrenträger mit KVG[32] oder VVG[33] ist es möglich das Vorschaltgerät installiert zu lassen. Hier muss lediglich der Starter entfernt werden und die SMD-Tube kann ohne jeden weiteren Umbau eingesetzt werden. In diesem Fall ist aber zu beachten, dass zum Einen eine weitere Stör- und Fehlerquelle vorhanden ist und zum Anderen ein insgesamt höherer Stromverbrauch durch das Vorschaltgerät bewirkt wird. Bei Trägern mit EVG[34] ist es je nach Hersteller der SMD-Tube und auch des Vorschaltgerätes unterschiedlich da nicht bei allen Herstellern das Power Supply mit der Ausgangsspannung des jeweiligen EVG arbeiten kann. Handelt es sich um eine SMD-Tube mit externem Power Supply muss in jedem Fall ein Umbau des Trägers vorgenommen werden.

Sollte ein Umbau des Leuchtstoffröhrenträgers vorgenommen werden, so ist dies stets durch eine Elektrofachkraft durchzuführen um hier die nötigen Gewährleistungen bzw. den Versicherungsschutz nicht zu verlieren. Auch eine anschließende Sicherheitsprüfung zum Beispiel in Form des E-Checks ist zu empfehlen, da dadurch gegenüber Dritten wie den Versicherungsgesellschaften die einwandfreie Funktion der Beleuchtungsanlage bestätigt und nachgewiesen wird.

---

[32] Def. KVG - Konventionelles Vorschaltgerät
[33] Def. VVG - Verlustarmes Vorschaltgerät
[34] Def. EVG - Elektronisches Vorschaltgerät

5.2 Neuinstallationen

Bei Neuinstallationen von Lichtanlagen auf Basis der SMD-Tube gellten prinzipiell dieselben Regeln wie bei einer auf Leuchtstoffröhren basierenden Lichtgestaltung. Wird die Planung und Gestaltung der Beleuchtungsanlage durch ein Architekturbüro übernommen, gibt dieses in der Regel Größe, Anzahl und Platzierung der Leuchten vor. Hierzu werden präzise Angaben und Daten des eigentlichen Leuchtmittels und gegebenenfalls auch der Leuchte oder des Lichtbandes benötigt. Ist dies nicht der Fall und die Planung wird vom jeweiligen Vertriebsunternehmen in Zusammenarbeit mit den KundInnen durchgeführt, sind hier die jeweiligen KundInnenbetreuerInnen gefragt, den KundInnen mit ihren Erfahrungen zur Seite zu stehen und passende Lösungsvarianten zu präsentieren.

Auch der Einsatz von Lichtberechnungsprogrammen wie zum Beispiel DIALux [35] – eine frei verfügbare Software zur herstellerunabhängigen Planung von Beleuchtungs- und Ausleuchtungsflächen – empfiehlt sich. Denn damit kann die Aussage der KundInnenbetreuerInnen auch auf professionelle Art untermauert werden.

Ist eine Entscheidung zur Länge der SMD-Tube gefallen, muss anschließend eine Auswahl zur Lichtfarbe getroffen werden. Hier haben die KundInnen bei fast allen Herstellern die Möglichkeit zwischen den drei gängigsten Varianten: Warm-Weiß bei etwa 3000 K, Neutral-Weiß bei 4500 K und Tageslicht-ähnliches Kalt-Weiß bei circa 6000 K zu wählen. Theoretisch ist durch den Einsatz der SMD-Chips auch jede andere Lichtfarbe möglich, jedoch ist die Nachfrage sehr gering, da der Bedarf der KundInnen durch diese drei Lichtfarben in der Regel abgedeckt wird.[36] Ist dies nicht der Fall, können Sonderanfertigungen vorgenommen werden, um den KundInnenwünschen gänzlich zu entsprechen.

---

[35] Vgl. DiaLux: http://www.dial.de/CMS/German/Articles/DIALux/DIALux/DIALux.html

[36] Quelle: eigene praktische Vertriebserfahrungen

6 Conclusio

Die anfangs gestellten Forschungsfragen, können nun wie folgt beantwortet werden:

- Welche Vor- und Nachteile der SMD-Tube ergeben sich im unmittelbaren Vergleich mit Leuchtstoffröhren?

Grundlegend hängen die Vor- bzw. Nachteile von den jeweiligen AnwenderInnen und ihren Anwendungsbereichen ab.
Als allgemeine Vorteile der SMD-Tube können aber folgende Punkte betrachtet werden: der niedrigere Energieverbrauch, die höhere Lebensdauer, die bessere Umweltverträglichkeit, das niedrigere Gewicht, die geringere Wärmeentwicklung, die höhere Bruchfestigkeit, unendliche Schaltzyklen und die Flackerfreiheit.
Ein Nachteil hat sich im Bereich des Berührungsschutzes gezeigt. Hier sollten die Hersteller noch eine entsprechende Lösung finden um auch jeden denkbaren Unfall zu vermeiden.

- Ist die SMD-Tube ein sinnvoller Ersatz für die herkömmliche Leuchtstoffröhre in der Größe T8?

Diese Frage kann nicht allgemein mit Ja oder Nein beantwortet werden. Im Bereich der gewöhnlichen Beleuchtung ist der Ersatz in den meisten Fällen durchaus sinnvoll, da die SMD-Tube einige Vorteile bietet. Für andere Anwendungsbereiche ist hier eher eine Entscheidung von Fall zu Fall zu empfehlen.
In weiterführenden Ausarbeitungen könnten z.B. die genauen Vor- und Nachteile des jeweiligen Anwendungsbereiches, sowie die dementsprechenden Sicherheitsbestimmungen generiert werden.

6.1 Ausblick in die Zukunft

Die Entwicklungen im Bereich der SMD-Beleuchtungstechnik gehen rasend schnell voran. Da das Halbleiterelement in seiner Größe nicht eingeschränkt ist, sind die unterschiedlichsten Bauformen möglich. So finden wir heute bereits eine Vielzahl von Einsatzmöglichkeiten in der Praxis. Von der Taschenlampe bis zur Kompaktleuchte für die Straßenbeleuchtung ist fast alles möglich. Eine ebenso gern genutzte Bauweise sind die sogenannten Panel-Leuchten also Flächenlampen; diese sind in runder oder auch eckiger Form erhältlich und sind in der Regel nicht höher als 20 mm. Sie werden jedoch bis zu einer Größe von 120 x 60 cm und als Sonderanfertigungen auch noch größer angeboten. Diese Leuchten werden zukünftig immer mehr an Bedeutung gewinnen, da sie die gleichen positiven Eigenschaften wie die SMD-Tubes mit sich bringen.

Abbildung 8: Beleuchtungspanel

Das Vertriebsunternehmen Vereg GesmbH hat sich auf Grund seiner Marktbeobachtungen auch noch dazu entschlossen eine Modifizierung der SMD-Tube in Zusammenarbeit mit dem Hersteller Reflexion® auf den Markt zu bringen. Hierbei handelt es sich um eine SMD-Tube als Kompaktleuchte die nicht mehr über die G13-Bipin-Fassung verfügt sondern direkt an das Stromnetz angeschlossen und dann von Leuchte zu Leuchte weiterverbunden werden kann. Die Markteinführung ist für Juli 2011 geplant.

Eine Entwicklung, die den gesamten Bereich der Beleuchtungstechnik neuerlich revolutionieren könnte, stellen die OLED dar. OLED steht für Organische Leuchtdioden. Diese sind so aufgebaut, dass ein Leuchtpulver aus Kohlenwasserstoffmolekülen zwischen zwei luftdicht verklebte Scheiben eingebracht und mittels einer Stromquelle zum Leuchten gebracht wird. Durch den Aufbau ergeben sich Bauformen wie beispielsweise ein normales Fenster, das durch Zuschalten des Stroms zur undurchsichtigen Lichtquelle wird.[37]

---

[37] Vgl. Fleischner (2010) S. 80-82

Literaturverzeichnis

Bücher

Fleischner, F.: Licht in Scheiben – Sind das die Nachfolger der Energiesparlampe? OLED-Prototypen erzeugen Helligkeit genauso effizient. Jetzt verkaufen Designer Leuchten mit der neuen Technik, In Focus, 49, 2010, S. 80-82

Müller, E. / Engelmann, J. / Löffler, T. / Strauch, J. (2009): Energieeffiziente Fabriken planen und betreiben, Berlin/ Heidelberg: Springer

Zieseniß, C.-H. / Lindemuth, F. / Schmits, P. W. (2009): Beleuchtungstechnik für den Elektrofachmann – Lampen, Leuchten und ihre Anwendung, München/ Heidelberg: Hüthig & Pflaum

Internet

Abbildungen SMD-Tube und Beleuchtungspanel:
http://www.reflexionlight.com/index.php?route=product/newproduct
Letzter Zugriff am 17. Mai 2011

CE-Richtlinien: http://www.ce-richtlinien.eu/
Letzter Zugriff am 17. Mai 2011

Farbtemperatur: http://www.akkuline.de/Blog/post/Leuchtmittel-Ubersichtd-der-Farbtemperatur-in-Kelvin.aspx
Letzter Zugriff am 17. Mai 2011

DiaLux: http://www.dial.de/CMS/German/Articles/DIALux/DIALux/DIALux.html
Letzter Zugriff am 17. Mai 2011

Geschichte der LED: http://www.handelsring.de/geschichte-der-led.php
Letzter Zugriff am 17. Mai 2011

Grundbegriffe und Einheiten Beleuchtungstechnik:
http://www.luxlite.lu/site/de_pres_tech_1.php
Letzter Zugriff am 17. Mai 2011

International Energy Agency: http://www.iea.org/stats/prodresult.asp?
PRODUCT=Electricity/Heat
Letzter Zugriff am 17. Mai 2011

IP-Schutzklassen: http://www.medisol.org/produkte/wissen-technik/ip-schutzklassen.html
Letzter Zugriff am 17. Mai 2011

Landwirtschaftliche Beleuchtung: http://www.buzer.de/gesetz/7344/b25140.htm
Letzter Zugriff am 17. Mai 2011

Lebensdauer SMD-Tube: http://www.arteko-led.com/online-katalog/kategorie/leuchtroehren.html
Letzter Zugriff am 17. Mai 2011

Osram®-Leuchtmittel: http://www.lampenwelt.de/Leuchtmittel/-Leuchtstofflampen/T8-G13-Leuchtstoffroehren/G13-T8-farbige-Leuchtstofflampe-von-OSRAM.html
Letzter Zugriff am 17. Mai 2011

Quecksilbergehalt: http://komnet.nrw.de/ccnxtg/frame/ccnxtg/danz?-zid=public&did=5572&lid=DE&bid=ARB&
Letzter Zugriff am 17, Mai 2011

RoHS-Richtlinie: http://www.ecodesign.at/pilot/eeg/DEUTSCH/ROHS/INDEX.HTM
Letzter Zugriff am 17. Mai 2011

Schaltzyklen: http://ec.europa.eu/energy/lumen/doc/consumers-de.pdf
Letzter Zugriff am 24. Mai 2011

Schutzklassen: http://www.elektro-lexikon.de/s/Schutzklasse-2.html
Letzter Zugriff am 17. Mai 2011

Schutzkennzeichnung: http://www.code-knacker.de/elektro.htm
Letzter Zugriff am 17. Mai 2011

Stroboskopischer Effekt: http://www.techniklexikon.net/d/stroboskopischer-effekt/stroboskopischer-effekt.htm
Letzter Zugriff am 17. Mai 2011

Stromverbrauch: http://strom.idealo.de/news/2517-wieviel-strom-verbraucht-eigentlich-die-welt/
Letzter Zugriff am: 17. Mai 2011

Verwendung Leuchtstoffröhren: http://www.licht.de/de/licht-know-how/beleuchtungstechnik/lampen/lampentypen/leuchtstofflampen/
Letzter Zugriff am 17. Mai 2011

Wärmeentwicklung: http://www.sign-lang.uni-hamburg.de/tlex/lemmata/l7/l751.htm
Letzter Zugriff am 24.Mai 2011

Wirkungsgrad: http://www.luxled.ch/tech_led.htm
Letzter Zugriff am 17. Mai 2011

ZVEI-Schriften: http://www.licht.de/de/info-und-service/publikationen-und-downloads/zvei-schriften/
Letzter Zugriff am 17. Mai 2011